¡TODOS AL RODEO!
A VAQUERO ALPHABET BOOK

Dr. Ma. Alma González Pérez

Del Alma
PUBLICATIONS, LLC

¡TODOS AL RODEO!
A VAQUERO ALPHABET BOOK

Text and translation copyright © 2020 by Dr. Ma. Alma González Pérez

Published in the United States by Del Alma Publications, LLC, Texas
Book design by Maricia Rodríguez & Teresa Estrada
Photography by Del Alma Publications, LLC except for Front Cover, Lasso, and Rodeo ©Olie's Images, coverpage ©Belia Vela, Bronco ©T Photography/Shutterstock, Escaramuza ©Beatriz Adriana Briones, Jaripeo ©Centrill Media, Kilómetro @MaxVoran, and Hacienda ©Sherry V Smith for Shutterstock
Front cover: Teenagers competing in a timed team roping event at a local rodeo

Library of Congress Control Number: 2020930907
Printed in China
First Edition

Publisher's Cataloging-In-Publication Data

Names: González Pérez, Ma. Alma, author.
Title: ¡Todos al rodeo! : a vaquero alphabet book / Dr. Ma. Alma González Pérez.
Description: First Edition. | Texas : Del Alma Publications, [2020] |
 Series: Todos series ; [3] | Interest age level: 006-010. |
 Summary: "Third in a series of popular bilingual alphabet books, this picturesque children's book highlights the life and the history of the vaquero (cowboy). It includes many concepts like rodeo and lasso that emerged with the arrival of the Spaniards in the New World. Consequently, the cattle industry began and thus, the vaquero terminology was adopted and adapted by the English language. Exposing children to the origin and use of the vaquero vocabulary is the main objective of the book"-- Provided by publisher. | Parallel text in English and Spanish.
Identifiers: ISBN 9780982242278 (Hardcover) | ISBN 9780982242285 (Softcover)
Subjects: LCSH: Cowboys--Juvenile literature. | Alphabet books--Juvenile literature. | Vocabulary--Juvenile literature. | Spanish language--Vocabulary-- Juvenile literature. | CYAC: Cowboys. | Alphabet. | Vocabulary. | Spanish language--Vocabulary. | Spanish language materials--Bilingual.
Classification: LCC F596 .G669 2020 | DDC 636.213 [E]--dc23

Meeting the Biliteracy Challenges of the Hispanic Learner

Our books may be purchased in bulk for educational use. Please contact us at service@delalmapublications.com.
For a variety of teaching tools, visit us at www.delalmapublications.com

DEDICATORIA

Dedico este libro a los niños hispanos
de los Estados Unidos
con el gran deseo de que sigan
amando y valorando la cultura de su gente
y, así, legarla a los niños de sus niños.
M.A.G.P

DEDICATION

I dedicate this book to the Hispanic children
of the United States
with the great desire that they will continue
to love and to cherish the culture of their people
and, thus, pass it on to the children of their children.
M.A.G.P.

PREFACIO

La historia del vaquero empieza y evoluciona con la llegada de los españoles al Nuevo Mundo. Para emprender la enorme tarea de sobrevivir en las nuevas tierras y en un ambiente totalmente desconocido, trajeron consigo el ganado y el caballo. Trajeron también todas las técnicas y el equipo para trabajar el ganado. Fue así como se propagó la industria ganadera en las Américas.

A la vez, introdujeron el rico vocabulario que con el pasar del tiempo fue adoptado y adaptado por el idioma inglés. A esto se le llama intercambio lingüístico. Por lo tanto, es sumamente importante que los niños hispanos, en particular, aprendan más sobre esta importante contribución de nuestros antepasados a la cultura americana. Lograrán así más apreciación de su gente, de su cultura y de su historia.

Este abecedario sobre la vida y la historia del vaquero puede ser utilizado para la lectura oral o compartida tanto como para la lectura en pareja o independiente. Tiene doble propósito: desarrollar el conocimiento y el vocabulario sobre la vida y la historia del vaquero. Sin embargo, se debe aclarar que este libro es un abecedario, y no un diccionario, y es por eso que sólo incluye un concepto para cada letra del alfabeto en español, con la excepción de la 'll,' 'rr,' y 'ch' que han sido excluidas por la Real Academia de la Lengua Española por ser sonidos y no letras. La 'ñ' también se ha excluido porque no existen conceptos sobre el tema de la vida y la historia del vaquero que empiecen con esa letra.

Cada descripción es acompañada por una pregunta por la cual se le pueda pedir al alumno una respuesta oral como parte del desarrollo del idioma oral o como una tarea escrita como respuesta a la lectura. Este libro también se puede utilizar como una fuente de referencia sobre la vida y la historia del vaquero. Más importante aún, es nuestro gran deseo que este libro sea útil para el aula bilingüe y que, a la vez, también sea de su más completo agrado.

PREFACE

The history of the *vaquero* begins and evolves with the arrival of the Spaniards in the New World. To undertake the enormous task of surviving in the new lands and in a totally unknown environment, they brought along cattle and the horse. They also brought all the techniques and equipment to work the cattle. Thus, the cattle industry propagated in the Americas.

In addition, they introduced the rich vocabulary which over time was adopted and adapted by the English language. This is known as linguistic borrowing. It is, therefore, critically important that Hispanic children, in particular, learn more about this important contribution of our ancestors to the American way of life. They will, thus, gain greater appreciation of their people, their culture, and their history.

This alphabet book on the life and the history of the *vaquero* may be used as a read-aloud and shared reading or for paired or independent reading. Its purpose is twofold: to build background and vocabulary about the life and history of the *vaquero*. However, it must be noted that this book is an alphabet book, not a dictionary, and that is why it only includes one concept for each letter of the alphabet in Spanish with the exception of the '*ll*', '*rr*,' and '*ch*' which have been excluded by the *Real Academia de la Lengua Española* for being sounds and not letters. The '*ñ*' has also been excluded because there are no concepts about the life and the history of the *vaquero* that begin with that letter.

Each description is followed by a question which the teacher or parent may choose to elicit an oral response as part of oral language development or as a written assignment for reader response. This book may be also used as a reference source on the life and the history of the *vaquero*. Most importantly, it is our greatest hope that this book will be useful for the bilingual classroom and, at the same, that you will also enjoy it as well.

Aa es para arena.

Una arena es un lugar donde se llevan a cabo eventos del rodeo. Es rectangular y al aire libre. Cada arena tiene su nombre propio.

¿Cuál es el nombre de una arena que conoces tú?

Aa is for arena.

An arena is a place where rodeo events take place. It is rectangular and out in the open. Every arena has its own name.

What is the name of an arena that you are familiar with?

Bb es para bronco.

Un bronco es un caballo que no se ha sido domado para la montura. Este caballo puede ser peligroso. Los españoles trajeron el caballo al Nuevo Mundo.

¿Has visto un bronco?

Bb is for bronc.

A bronc or *bronco* is a horse that has not been broken for the saddle. This horse can be dangerous. The Spaniards brought the horse to the New World.

Have you seen a bronc?

Cc es para chaparreras.

Las chaparreras son una parte importante del traje del vaquero. Le protegen las piernas contra el peligro del chaparral. Son de cuero o de otro material parecido. ¿Has visto a alguien usar chaparreras?

Cc is for chaps.

Chaps or *chaparreras* are an important part of the *vaquero* outfit. They protect the cowboys' legs from the danger of the thick brush. They are made from leather or from other similar material. Have you seen someone wearing chaps?

Dd es para Don o Doña.

'Don' o 'Doña' es un título de respeto para el dueño/a o patrón/a de una hacienda. También se usa para dirigirse a personas mayores.

¿Has oído el título de 'Don' o 'Doña'?

Dd is for *Don* or *Doña*.

'*Don*' or '*Doña*' is a title of respect used for the owner or *patrón* of an *hacienda*. It is also used to direct oneself to older persons.

Have you heard the title '*Don*' or '*Doña*'?

Ee es para escaramuza.
La escaramuza es evento de la charreada para mujeres.
Presentan un baile en equipo de ocho montando a caballo.
Visten el traje Adelita con faldas anchas y crinolinas.
¿Has visto este evento del rodeo?

Ee is for *escaramuza*.
The *escaramuza* or skirmish is a *charreada* or Mexican rodeo event
for women. A team of eight performs a music routine as they ride side
saddle. They wear full skirts with crinolines known as Adelita outfit.
Have you seen this rodeo event?

Ff es para familia.

La vida del vaquero es un legado de familia. Los ranchos y tierras se pasan de padres a hijos. Muchas familias siguen la vida de sus antepasados.

¿Hay vaqueros en tu familia?

Ff is for family.

The life of the *vaquero* is a family legacy. Ranches and lands are passed from parents to children. Many families continue the way of life of their ancestors.

Are there any *vaqueros* in your family?

Gg es para galope.

Se dice que un caballo va a galope cuando va corriendo rápidamente. Los caballos pueden correr a muy altas velocidades. Algunos caballos son de carrera.
¿Has visto un caballo a galope?

Gg is for gallop.

It is said that a horse is galloping when it is running fast. Horses can run at very high speeds. Some horses are used as racehorses.
Have you seen a horse at full gallop?

Hh es para hacienda.

Una hacienda es un rancho grande con ganado y agricultura. El dueño y su familia viven en una casa grande. Las casas de los trabajadores están alrededor. ¿Has estado en una hacienda?

Hh is for *hacienda*.

An *hacienda* is a large ranch with cattle and agriculture. The owner and his family live in a large house. The houses for the workers surround it.

Have you been to an *hacienda*?

Ii es para índigo.

Índigo es un tinte o añil de la planta Indigofera. Se usa para teñir el algodón para hacer los famosos *blue* jeans o pantalones de mezclilla. Los vaqueros han popularizado estos pantalones. ¿Te gusta usar pantalones de vaquero?

Ii is for indigo.

Indigo is a blue dye that comes from the Indigofera plant. It is used to dye the cotton used to make the famous blue jeans. Cowboys have popularized these jeans.

Do you like to wear cowboy jeans?

Jj es para jaripeo.

El jaripeo es un evento de la charrería o rodeo mexicano donde se montan toros o potros salvajes. El jinete mantiene balance sobre el animal usando espuelas para detenerse.
¿Has ido a un jaripeo?

Jj is for *jaripeo.*

Jaripeo is a rodeo event of the *charrería* or Mexican rodeo involving bull or bronc riding. The rider maintains balance on the animal by using spurs to cling on.
Have you been to a *jaripeo?*

Kk es para kilómetro.

Los vaqueros del pasado llevaban el ganado al mercado arreándolo a caballo. Recorrían muchos kilómetros para llevarlo al ferrocarril.

¿Has oído del famoso arreo de ganado?

Kk is for kilometer.

The cowboys of long ago used to take cattle to market on cattle drives. They traveled many kilometers to get to where there were railroads.

Have you heard of the famous cattle drives?

Ll es para lazo.

El vaquero usa el lazo para trabajar el ganado. Tiene que lazar el ganado para marcar, vacunar, o moverlo de un pasto a otro. El lazo es equipo muy útil para el vaquero. ¿Has visto a alguien lazar ganado?

Ll is for lasso.

The cowboy uses the lasso to round up cattle. He has to lasso the cattle to brand, vaccinate, or move them from pasture to pasture. The lasso is a very useful piece of equipment for the cowboy. Have you seen someone lassoing cattle?

Mm es para mesteño.

Un mesteño es un caballo salvaje. No ha tenido ningún contacto con la gente. Tiene que ser domado para la montura. La palabra *'mustang'* viene de mesteño.

¿Has visto un mesteño?

Mm is for mustang.

A mustang or *mesteño* is a wild horse. It has not had any contact with people. It has to be broken for the saddle. The word 'mustang' comes from *mesteño*.

Have you seen a mustang?

Nn es para nopal.
El nopal se encuentra en las regiones más secas. Sirve de alimento para el ganado. La flor es amarilla o de otros colores y se convierte en tuna que se puede comer. ¿Has visto al ganado comer nopal?

Nn is for *nopal*.
The *nopal* or cactus plant is found in the driest regions. It serves as food for cattle. The flower is yellow or of other colors, and it turns into a berry or *tuna* that can be eaten.
Have you seen cattle eating cactus?

Oo es para oh.

'Oh' es una expresión muy importante en el entrenamiento de un caballo. Se usa para manejar y entrenar al caballo a obedecer, especialmente para hacerlo que se detenga.

¿En qué otras ocasiones has escuchado 'oh'?

Oo is for oh.

'Oh' is a very important expression in the training of a horse. It is used to handle and train the horse to obey, especially to make it slow down and stop.

On what other occasions have you heard 'oh'?

Pp es para pinto.

Un pinto es un caballo de varios colores como blanco y negro o blanco y café. Un pinto puede ser de cualquier clase o tamaño de caballo.

¿Has visto un caballo pinto?

Pp is for *pinto*.

A *pinto* or painted horse is of several colors like black and white or brown and white. A *pinto* can be any kind or size of horse.

Have you seen a *pinto*?

Qq es para quinta.

Una quinta es una casa de campo para ir de vacaciones.
En tiempos antiguos se cobraba una quinta parte por el
hospedaje. Su arquitectura se ve en casas de hacienda.
¿Has estado en una quinta?

Qq is for *quinta.*

A *quinta* is a ranch house used for vacationing. In ancient times
a *quinta* or one-fifth was charged for housing. Its architecture is
seen in *hacienda h*ouses.

Have you been to a *quinta*?

Rr es para rodeo.
El rodeo es un deporte que surgió del trabajo diario del vaquero. Los competidores lazan, montan toros y potros y corren a caballo en tiempo definido. Los ganadores reciben premios grandes. ¿Has ido a un rodeo?

Rr is for rodeo.
Rodeo is a sport that grew out of the daily work of the *vaquero*. Competitors demonstrate timed roping, bronc and bull riding, and racing skills within a specified time. Winners receive big prizes.
Have you been to a rodeo?

Ss es para sombrero.

El vaquero usa sombrero para protegerse del calor del sol. La palabra 'sombrero' viene de 'sombra.' Es por eso que el sombrero de vaquero tiene falda ancha.

¿Tienes un sombrero de vaquero?

Ss is for *sombrero.*

The *vaquero* wears a *sombrero* to protect himself from the sun's heat. The word '*sombrero*' comes from '*sombra*' which means shade. That is why the cowboy's hat has a wide brim.

Do you have a cowboy hat?

Tt es para Texas.

Texas es conocido por su industria ganadera. El ganado de cuernos largos fue traído de España al Nuevo Mundo porque podía sobrevivir en clima seco. Es el mamífero grande oficial de Texas. ¿Has visto ganado de cuernos largos?

Tt is for Texas.

Texas is known for its cattle industry. Longhorn cattle were brought from Spain to the New World because it could survive in dry climate. The Longhorn is the official large mammal of Texas.

Have you seen longhorn cattle?

Uu es para la figura de la herradura.

La herradura protege las pezuñas de los caballos donde hay piedra. También se cree que la herradura sobre una puerta trae buena suerte.

¿Has visto un caballo con herraduras?

Uu is for the shape of the horseshoe.

The horseshoe protects the hooves of the horse where there is rocky terrain. It is also believed that a horseshoe placed over a door brings good luck.

Have you seen a horse with horseshoes?

Vv es para vaquero.

El vaquero cuida del ganado y del rancho o hacienda.
Marca, vacuna y mueve el ganado de un pasto a otro.
Monta a caballo y usa sombrero y botas de vaquero.
¿Tienes traje de vaquero?

Vv is for *vaquero.*

The *vaquero* works the cattle and takes care of the ranch or *hacienda.* He brands, vaccinates, and moves the cattle from pasture to pasture. He rides a horse and wears a cowboy hat and boots.
Do you have a cowboy outfit?

Ww es para *wrangler*.

La palabra '*wrangler*' viene de 'caballerango.' Ahora se le conoce como vaquero. Cuida caballos y el ganado en un rancho o hacienda.

¿Sabías el origen de la palabra '*wrangler*'?

Ww is for wrangler.

The word 'wrangler' comes from the Spanish word '*caballerango.*' Now, he is known as '*vaquero.*' He takes care of horses and cattle in a ranch or *hacienda*.

Did you know the origin of the word 'wrangler'?

Xx es para la figura del alambre de púa.

El alambre de púa puede tener una figura de X para evitar que el ganado se salga de un lugar a otro. Es de metal y los filos puntiagudos pueden causar heridas. ¿Sabes cómo es el alambre de púa?

Xx is for the shape of barbed wire.

Barbed wire may have an X shape to keep livestock from getting out from one place to another. It is made of metal, and its very sharp edges can cause injury.

Do you know what barbed wire looks like?

Yy es para yuca.

La yuca es una planta del desierto. Tiene una flor blanca que sirve de alimento para el ganado. También se puede comer en diferentes formas como en sopas o ensaladas.

¿Sabías que la yuca es alimento para el ganado?

Yy is for yucca.

The yucca is a desert plant. It has a white flower that can serve as food for cattle. It can also be eaten in different ways like in soups or salads.

Did you know that the yucca plant is food for livestock?

Zz es para las muchas marcas para el ganado.
El ganado se marca con una letra, un número o un símbolo.
La marca identifica al dueño del animal. Todas las marcas
se archivan en el condado donde se encuentra el ganado.
¿Qué símbolos de marcas has visto tú?

Zz is for the zillion cattle brands.
Cattle and horses are branded with a letter, a number, or a
symbol. The brand identifies the owner of the animal. All brands
are registered in the county where the cattle are located.
What symbols for brands have you seen?

HOMENAJE
AL VAQUERO
DE TODOS LOS TIEMPOS

A TRIBUTE
TO THE VAQUERO
OF ALL TIMES

GLOSARIO FOTOGRÁFICO
Herramienta y Vestuario del Vaquero

el bozal

las botas

la chaqueta

las chaparreras

las espuelas

la hebilla

PICTURE GLOSSARY
Vaquero Tools & Attire

la herradura

el lazo

la marca

la montura

el pañuelo

el sombrero

EVENTOS DE LA CHARREADA
Mexican Rodeo Events

- Cala de caballo - Reining

- Coleadero - Steer tailing

- Escaramuza - Skirmish

- Jaripeo (Jineteada del toro) - Bull riding

- Jineteada de yegua - Bareback bronc riding

- Manganas a caballo - Forefooting on horseback

- Manganas a pie - Forefooting

- Paso de la muerte - The pass of death

- Piales - Heeling

- Terna en el ruedo - Team roping

Fuente de referencia: Federación Mexicana de Charrería A.C.

U.S. RODEO EVENTS
Eventos del rodeo estadounidense

- Bareback Bronc Riding - Jineteo: Caballos con pretal

- Barrel Racing - Carrera de barriles

- Bull Riding - Jineteo de toros

- Saddle Bronc Riding - Jineteo: Caballos con montura

- Team Roping - Lazo doble

- Tie-down Calf Roping - Lazo sencillo

- Steer Roping - Lazo de becerros

- Steer Wrestling - Derribe de novillos

Source: Professional Rodeo Cowboys Association (PRCA)

AGRADECIMIENTOS

Es con un gran sentido de gratitud que deseo dar reconocimiento por la colaboración y el consentimiento de los padres que tan amablemente nos concedieron que sus hijos, con sus sonrisas y alegría, le dieran vida al contenido de este abecedario sobre la vida y la historia del vaquero. Les agradezco infinitamente y ojalá que con el pasar del tiempo, este libro les traiga gratos recuerdos de estos momentos tan preciosos en la vida de sus hijos.

Muy en especial también deseo dar mis más sinceras gracias a los padres y familiares que nos invitaron a tomar fotos en sus ranchos y propiedades. Muchísimas gracias al Sr. Manuel García, a su hija Maricela y a sus nietos; al Sr. Alonso Barrera y Sra.; al Sr. Daniel González y Sra.; a la Sra. Raquel Martínez e hijas, al Sr. Javier Zapata y Sra., a su hija Liz y al Sr. Bernardo Bustamante, Jr. y familia. Además, deseo agradecerle al Sr. Lázaro del Bosque del Lienzo Charro el Mayoral por facilitarnos su arena para algunas de las fotos y a mi gran amiga Diana Espinoza por hacer los arreglos. Le agradezco también a los fotógrafos el Sr. Olie Moss de Olie's Images y a la Sra. Beatriz Briones de Producciones Briones por darnos su autorización para utilizar algunas de sus fotos en este libro. Muy en particular les doy las gracias al Dr. Jerry Thompson y a los Srs. Ricardo Martínez y Jesús Rodríguez por sus valiosas sugerencias.

Finalmente, deseo expresar mi agradecimiento, no tan sólo por la fotografía y el diseño de este libro, sino más importante aún, por el entusiasmo y el esfuerzo de Maricia Rodríguez y Teresa Estrada en convertir esta idea en realidad. Es para ustedes, los niños preciosos, que les hemos traído el esplendor de la vida y la historia del vaquero a sus hogares y a sus salones de clase a través de este libro. ¡Es nuestro gran deseo que lo disfruten!

ACKNOWLEDGEMENTS

It is with a great sense of gratitude that I wish to acknowledge the collaboration and consent of the parents who so graciously allowed their children, with their smiles and joy, to bring to life the contents of this alphabet book on the life and the history of the *vaquero*. I appreciate it wholeheartedly, and it is my hope that with the passage of time, this book will bring beautiful memories of these precious moments in the lives of their children.

I especially wish to express my sincerest thanks to the parents and relatives who invited us to take photos in their ranches and properties. Thank you very much to Mr. Manuel García, his daughter Maricela and his grandchildren; Mr. & Mrs. Alonso Barrera; Mr. & Mrs. Daniel González.; Mrs. Raquel Martínez and daughters, Mr. & Mrs. Javier Zapata and daughter Liz; and Mr. Bernardo Bustamante, Jr. and family. In addition, I wish to thank Mr. Lázaro del Bosque from Lienzo Charro el Mayoral for lending us his arena to take some of the photos and to my special friend Diana Espinoza for making the arrangements. I also appreciate the authorization from Mr. Olie Moss of Olie's Images and Beatriz Briones of Producciones Briones to use some of their photos in this book. In particular, I wish to thank Dr. Jerry Thompson, Mr. Ricardo Martínez, and Mr. Jesús Rodríguez for their valuable suggestions.

Finally, I wish to express my appreciation, not only for the photography and the design of this book, but most importantly for the enthusiasm and the heart of Maricia Rodríguez and Teresa Estrada in converting this idea into reality. It is for you, the beautiful children, for whom we have brought the splendour of the life and the history of the *vaquero* into your homes and classrooms through this book. It is our greatest hope that you will enjoy it!

SOBRE LA AUTORA

La Dra. María Alma González Pérez es proponente de la educación bilingüe y dual. Es autora de varios libros bilingües galardonados para niños, entre ellos *¡Todos a comer! A Mexican Food Alphabet Book* (Del Alma Publications, 2017) y *¡Todos a celebrar! A Hispanic Customs & Traditions Alphabet Book* (Del Alma Publications, 2019).

La Dra. Pérez creció en un rancho que era parte de las porciones españolas otorgadas a su bisabuelo y a sus descendientes en los 1800s. Desde una temprana edad, vivió la vida en el campo viendo a su padre y a su tío lazar el ganado, marcarlo y moverlo de un pasto al otro. También vivió el dolor y la frustración con la seca del Sur de Texas que tiene un gran impacto en la industria ganadera aún hoy día. Así es que la vida y la historia del vaquero está en su sangre y en sus raíces.

Con más de 40 años de experiencia en el ramo de la educación, la Dra. Pérez fue profesora de educación bilingüe y directora del plantel de la Universidad Panamericana (ahora UTRGV) en el Condado Starr. Entre los descubrimientos claves de su tésis del doctorado es la relación positiva entre la proficiencia del español y el rendimiento académico. La Dra. Pérez ahora disfruta el escribir libros bilingües para niños, poesía en español e historia local tanto como compartir sus estudios con maestros y alumnos a través del país. La Dra. Pérez está disponible a través de www.dralmaperez.com para organizar presentaciones y talleres.

ABOUT THE AUTHOR

Dr. Ma. Alma González Pérez is an advocate for bilingual/dual-language education. She is the author of several award-winning children's bilingual books, among them *¡Todos a comer! A Mexican Food Alphabet Book* (Del Alma Publications, 2017) and *¡Todos a celebrar! A Hispanic Customs & Traditions Alphabet Book* (Del Alma Publications, 2019).

Dr. Pérez was raised in a ranch that was part of the Spanish land grants issued to her great grandfather and his descendants in the 1800's. Since an early age, she experienced life on the range as she watched her father and uncle round up cattle, brand them, and move them from one pasture to another. She also lived the pain and frustration of the dry spells of South Texas that have such a drastic impact on the cattle industry even today. Hence, the *vaquero* way of life and history is in her blood and in her roots.

With over 40 years of experience in the field of education, Dr. Pérez was a professor of bilingual education and founding director of The University of Texas – Pan American (now UTRGV) Starr County Campus. Among the key findings of her doctoral dissertation was the POSITIVE relationship between Spanish language proficiency and academic achievement. Dr. Pérez now enjoys writing children's bilingual books, Spanish poetry, and local history as well as sharing her work with teachers and students across the country. Dr. Pérez is available via her website www.dralmagperez.com for presentations and workshops.

OTROS LIBROS EN ESTA SERIE

¡Todos a comer!
A Mexican Food Alphabet Book
© 2017
ISBN: 978-0-9822422-6-1 (HC)
ISBN: 978-0-9822422-2-3 (SC)

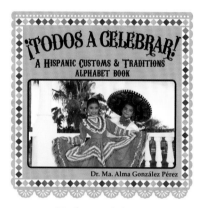

¡Todos a celebrar!
A Hispanic Customs & Traditions Alphabet Book
© 2019
ISBN: 978-0-9822422-4-7 (HC)
ISBN: 978-0-9822422-5-4 (SC)

OTHER BOOKS IN THIS SERIES